艺智创

人工智能

探秘水下机器人

下册

编 田 丽

主编 段秋晗

编（按姓氏笔画排序）

尹新彦 李 赫 汪真西 范瑞峰

罗 敏 赵 彤 高奇峰 彭冬来

机械工业出版社

CHINA MACHINE PRESS

《人工智能 探秘水下机器人》共2分册，本分册为下册，采取科普结合硬件编程的方式，介绍了从传感器到智能水下潜行器，从结构仿生到海洋资源开发与海洋国防的知识内容。

本分册共16课，包含水下机器人的传感器工作原理，水下机器人的设计、运动控制及编程，以及学生自由创意创新设计等，可培养学生的设计能力、逻辑思维能力、动手能力、团队合作能力以及科学探究能力。

本书适合义务教育阶段学校开展海洋教育使用。

图书在版编目（CIP）数据

人工智能. 探秘水下机器人/田丽主编. —北京：机械工业出版社，2022.3
ISBN 978-7-111-70109-5

Ⅰ.①人… Ⅱ.①田… Ⅲ.①人工智能—青少年读物②水下作业机器人—青少年读物
Ⅳ.①TP18-49②TP242.2-49

中国版本图书馆CIP数据核字（2022）第028956号

机械工业出版社（北京市百万庄大街22号 邮政编码100037）
策划编辑：熊　铭　　　　责任编辑：熊　铭　彭　婕　陈美鹿
责任校对：张亚楠　刘雅娜　封面设计：滕沛芳
责任印制：熊　铭
北京联兴盛业印刷股份有限公司印刷
2022年3月第1版第1次印刷
184mm×260mm·14.5印张·238千字
标准书号：ISBN 978-7-111-70109-5
定价：88.00元（共2册）

电话服务　　　　　　　网络服务
客服电话：010-88361066　机　工　官　网：www.cmpbook.com
　　　　　010-88379833　机　工　官　博：weibo.com/cmp1952
　　　　　010-68326294　金　书　网：www.golden-book.com
封底无防伪标均为盗版　机工教育服务网：www.cmpedu.com

　　地球约 71% 的表面都被海水所覆盖，海洋是地球上最大的区域。无论是对生命的诞生，还是对气候的变化和文明的发展，海洋都起到了至关重要的作用。

　　根据《联合国海洋公约》有关规定和我国主张，我国管辖海域面积约 300 万平方千米，大陆海岸线约 1.8 万千米，岛屿岸线约 1.4 万千米，海岛 11 000 多个，广袤的海域中蕴藏着丰富的动物、植物、矿物等资源。合理地开发、利用这些海洋资源将会更好地建设我国社会，并改善人们的生活。

　　我国拥有历史悠久的航海历史、海上贸易历史与海洋文化。在明朝永乐年间，郑和曾 7 次组织船队进行国家层面的海洋贸易、海洋勘测活动，其浩大的船队规模、先进的航海技术、琳琅满目的商品、强大的军事力量震惊了世界。

　　进入 21 世纪后，海洋作为全世界关注的资源焦点，变得越来越重要。人们进行了一系列的海洋资源的开发与利用，比如利用海洋中的潮汐、海浪、海风、盐度差进行发电，开采海洋中的石油，围海养殖、捕鱼等。此外，各种新形式的海洋资源的利用也不断兴起，比如在海洋中架设通信电缆，在海洋中建立数据中心等。海洋丰富的生物资源不但为人类食物供应提供了帮助，也为人类研制新型药物提供了丰富的素材库。

　　海洋能够带来的开发价值越大，围绕它进行的资源争夺就越激烈。

　　近些年来，一些国家利用无人潜航器对我国的海洋实施勘测、监视等一系列的活动，严重危害了我国的国家安全。为了能够更好地维护我国的海洋国土与海洋资源，海洋科学技术必须要得到广泛的发展。

"少年强则国强，少年独立则国独立"，海洋人才的储备必须从青少年抓起。我们应该让青少年能够更早地接触海洋方面的知识，了解海洋，探索海洋，为海洋方面的事业作美好的规划，激励更多的青少年参与到海洋工程项目中。

从小项目到大工程，从发现自然现象的规律到学习深奥的科学知识，培养青少年海洋工程知识的学习也应循序渐进。要让青少年动手动脑，观察实验，借助模块化的零件，设计船舶，设计潜行器，设计各式各样的海洋设备，了解它们运行的奥秘，学习物理、机械工程等方面的知识。要让青少年借助计算机，通过编程，使传统的海洋设备迸发出新的活力。

未来的海洋也是人工智能设备的大舞台。探索海洋就像探索宇宙一样，广阔的空间中暗藏着种种未知，而残酷恶劣的空间环境使得人类在探索它们的同时危险重重。未来的海洋探索设备一定是具备人工智能的设备，这样的趋势将势不可挡。而人工智能技术应用在海洋设备上正处于起步阶段，如同青少年一样朝气蓬勃。青少年通过海洋工程课程的学习，认识人工智能技术，利用模块化的零件设计、制作各类的海洋设备，通过自己的思考与探索必定能激发出新的创意。

在未来，谁能够更快速地建立并实施开发海洋的工程，并解决相应的技术难题，谁就对海洋海域拥有控制权，而这一定是建立在强大的科学技术的支持之下。青少年通过海洋科学技术的学习，将会更了解海洋、热爱海洋，在心中架起一座保护、建设海洋的桥梁。

北京大学教授、博士生导师

目 录

序

第1课

1. 了解传感器的基本组成。

2. 了解常见传感器的基本工作原理。

想一想

机器能否像人一样感知冷暖、亮暗等环境变化？

问题分析

1. 你知道人是通过哪些器官感知周围环境变化吗？

人可以通过：_____。

2. 你知道物体都有哪些常见的物理变化吗？

我知道物体的物理变化有：_____。

新知学习

1. 常见的物理变化

如果一个物质的状态发生变化，但是组成它的成分并没有发生变化，我们就把它发生的变化称为物理变化。例如位置、体积、形状、温度、压强以及气态、液态、固态间相互转化等。

利用物体的物理变化，可以帮助人们制造传感器。例如通过物体发生弹性形变，可以制成弹力、压力等传感器。

2. 传感器的基本结构与工作原理

传感器是能感受规定的被测量并按照一定的规律转换成可用信号的器件或装置。这种定义非常广泛，而现如今使用的传感器，需要把接收到的所有信息转化为电信号。因此现代传感器基本上可以理解为由敏感元件、转换元件、基本转换电路、辅助电源四部分组成。

根据传感器感知用途的不同，敏感元件与转换元件也会不同。例如感知湿度的传感器，敏感元件与转换元件都是基于金属与水接触后导电性的变化，来表示湿度变化的。

3. 传统的传感器

（1）弹簧测力计

如图 1-1 所示，弹簧测力计是一种测力的大小的工具，运用于物理力学中，主要由弹簧、挂钩、刻度板构成。

图 1-1

弹簧测力计根据弹簧发生的弹性形变程度，来表示物体的重量。因此弹簧是敏感元件，而刻度板与指针相当于转换元件，人通过查看指针在刻度板上的位置，从而测量被测物体的重量。

（2）体温计

体温计由刻度玻璃管、水银组成。

体温计的工作物质是水银。它的玻璃泡面积比上面细管的容积大得多。泡里的水银由于受到体温的影响，产生微小的变化，水银体积发生膨胀，使管内水银柱的长度发生明显变化。人体温度的变化在 35℃ ~42℃ 之间，所以体温计的刻度是 35℃ ~42℃，而且每度的范围又分为 10 份，因此体温计可精确到 0.1℃。体温计的下部靠近液泡处的管颈是一个很狭窄的曲颈，测体温时，玻璃泡内的水银随着温度的升高，发生膨胀，通过细管挤到直管，由颈部分上升到管内某位置，当与体温达到热平衡时，水银柱恒定。外界气温较低，水银遇冷体积收缩，就在狭窄的曲颈部分断开，使细管内的水银不能退回玻璃泡内，仍保持水银柱与人体接触时所达到的高度，所以它离体时表示的仍然是人体的温度。

体温计中，水银是敏感元件，而玻璃管上的刻度是转换元件。使用者可以通过水银膨胀后所在刻度的位置得知体温的数值。

（3）指南针

指南针由永磁的指针与刻度盘组成。

由于地球是一个巨大的磁体，具有磁性的物体会在地球磁感线的影响下，指向地球的南极与北极方向。利用这一特点制成的指南针，其永磁的指针在刻度盘中心可以自由旋转，这时刻度盘上就可以标注角度、方位等信息，人们利用这些信息就能快速确定位置。

指南针中，永磁的指针就是敏感元件，而刻度盘是转换元件。

4. 现代传感器

现代传感器不同于传统传感器的最大特点就是，需要将敏感元件感应到的信息转化成电信号，这样才能被电子系统所读取使用。而转化后，电信号想要有强弱变化的程度，很大程度上依赖传感器的电流、电阻、电压的变化关系。因此现代传感器所采用的敏感材料，绝大多数都是可以通过压力、光通量、温度、湿度等改变自身电阻大小的材料。

（1）光敏传感器

光敏传感器是对外界光信号或光辐射有响应或转换功能的敏感装置。

其中光敏电阻中的敏感装置是一个半导体，这个半导体对光的强弱非常敏感，光线的变化会导致这个半导体的电阻值发生变化，进而影响通过的电流大小。

借助光敏传感器中的转换装置与基本转换电路，可以用通过半导体的电流大小来表示光线的强弱程度，并且把这一程度转化成数值进行使用。

（2）超声波传感器

超声波传感器是将超声波信号转换成电信号的传感器。常用的超声波传感器由压电晶片组成，既可以发射超声波，也可以接收超声波。

以直接反射型的超声波传感器为例，这种超声波传感器的电路与声波传播的机械结构连接在一起，利用压电效应工作。超声波传感器上有两个压电传感器：一个在传送端，利用外加电场给压电晶片施加压力，产生超声波；另一个在接收端，将接收声波（机械波）产生的机械应力使压电晶片产生电极化电荷，进而转换成电信号。

请你根据汽车倒车（图1-2）、气压表（图1-3）、游标卡尺（图1-4）和自动水龙头（图1-5）出现的场景进行判断，哪些场景使用了现代传感器？

图1-2

图 1-3

图 1-4

图 1-5

请你说一说传感器由哪些部分组成？

请你整理一下常见的物理现象，并说一说如何利用这些物理现象来表示物体变化，并把你的想法与同学进行交流分享。

项目	评价（满分5颗☆）
我知道传感器的基本组成	
我能说出生活中常见的传感器	
我知道生活中常见的传感器工作原理	

·第2课· 传感器的应用

 学习目标

1. 了解传感器在生活中的应用。
2. 知道传感器是智能设备的感知核心。

想一想

1. 请你说一说生活中有哪些地方应用到了传感器？
使用传感器的地方有：_____
2. 相比于不用传感器的设备，应用传感器的设备有什么优点？
答：_____

问题分析

在日常生活中，传感器的使用也进入了我们生活的方方面面。小区门

口、停车场入口会安装图像传感器，用来检测车辆的车牌号码。乘坐电梯时，电梯上的按钮，感应我们想要到达的楼层。超市出入口的磁传感器，检测是否有未结账的物品被带出或带进超市。

为了方便传感器的学习与应用，我们需要对传感器进行分类。常见的分类方法可以将传感器按照是否需要外部能量源，分为有源传感器与无源传感器。

无源传感器不需要任何附加能量源可直接响应外部激励产生电信号。也就是说，输入的激励能量被传感器转换成输出信号。比如光敏二极管和压电传感器等都属于常见的无源传感器。

有源传感器工作时需要外部能量源，所需的外部能量被称为激励信号。激励的信号经传感器改变为输出信号，例如热敏电阻等。

传感器的作用无非是把各种外部环境变化的现象（激励），最终转化为电信号。这是实现任何自动化、智能化控制的基础。利用传感器获取到的信息并完成控制，才是自动化、智能化控制的最终目的。

新 知 学 习

1. 自动化控制的组成

自动化控制是指在没有人直接参与的情况下，利用传感器、控制器、执行器等装置，使整个机器、设备或生产过程的某个工作状态或参数自动地按照预定的规律运行。

一般来说，一个自动化系统主要由三部分组成：

（1）传感器

自动化控制的感知系统，负责收集外部的环境信息、执行器工作状态信息等。传感器把这些信息及时发送给控制器，这样才能让控制器给执行器指令时，更加高效、精准。

（2）控制器

自动化控制的核心，负责收集传感器采集的信息并按照程序设置好的指令，发送命令控制执行器完成程序指令。

（3）执行器

自动化控制中最终负责具体执行工作的装置，例如电机、液压器、灯、扬声器等。执行器接受控制器发送的指令，并按照指令内容工作。

2. 人工智能的感知基础

人工智能是机器模拟人类智能行为的技术。模拟人的感知行为也是人工智能的一部分。其中人工智能的感知主要有三个内容：机器感知，计算机视觉，自然语言处理。

机器感知与自动化控制基本相同，都是利用传感器感知环境信息，再传递给控制器进行处理，最终控制执行器完成相应的指令。

计算机视觉是让机器模拟人的视觉识别的能力，借助摄像头拍摄图像，并从中提取出图像中各种内容，例如识别图片中的人、动物、物品、符号等。

自然语言处理是指让机器能够理解人类语言的含义。机器会通过传声器、键盘等，将人说话的内容记录下来，然后理解这些内容的含义。

实 施 应 用

1. 传感器在物联网的应用

在物联网中，传感器被广泛使用。物联网的核心是需要对各种设备通过网络连接起来，实现任何时间、任何地点，人、机器、物品互联互通，如图 2-1 所示。

图 2-1

传感器负责检测人、机器、物品的位置、状态等信息。

2. 传感器在人工智能的应用

传感器在人工智能的应用也非常广泛。如计算机视觉会使用摄像头和距离传感器，特殊应用场合下，还会结合人体感知传感器与红外传感器来使用。在自然语言处理中，传声器、响度传感器可以用来感知有没有声音以及采集声音内容。

传感器使用的类型越多越有利于人工智能设备收集环境信息进行"学习"。

总 结 交 流

请你说一说传感器都应用在哪些地方？

 分享

请你做一个小调查：看看自己家里有哪些装置使用了传感器，将它们拍照，并制成手抄报在全班进行交流分享。

评价

项目	评价（满分5颗☆）
我知道传感器在生活中的应用	
我能说出常见电子设备上都用了哪些传感器	
我知道传感器是智能设备的感知核心	

学习目标

1. 了解水深与水压的关系。
2. 了解深度传感器的工作原理。

想一想

1. 搁浅是指船舶行驶到浅水处，水的深度无法满足船行驶，使得船无法行驶。那么船舶如何才能避免搁浅呢？

船舶可以_____。

2. 对于深海潜水器，水压对深海潜水器的影响非常大。随着下潜深度的增加，水压也会增大。为了避免下潜过深，导致水压把潜水器挤压解体，需要深海潜水器能够感知水的深度，那么深海潜水器如何才能感知水的深度呢？

问题分析

船舶是靠水的浮力在水中运行的，船舶在水中时，船底部分会浸入水中，但不与水底接触。这种状态下船舶行驶是安全的。在浮力没有发生变化时，船浸入水的体积是不会发生改变的，此时若水深变浅，船舶在行驶时没有及时察觉，那么船舶就搁浅，无法行驶。为了避免这种情况发生，早期船舶停靠海岸时，需要有船员在船头，定时的用测深杆测量水的深度并及时告诉给舵手。现如今，船身都会安装深度传感器，探测船底与水底之间的距离。一般装在船身上，用于测量水深的装置是声呐。

在深海潜行中，要想感应潜水器下潜的深度，就需要水深传感器。与声呐不同，水深传感器并不利用机械波的反射来计算深度距离。因为在深海，声呐的传递距离与准确性都会受到极大的干扰，而且声波的传递速度较慢，会有延迟。

新知学习

深度传感器的工作原理

由于水压在不同水深是不一样的，因此，可以利用水的压力与水深建立数学联系。传感器感知压力的变化，从而间接推断出水的深度。

水深度传感器一般由压力薄膜、转换元件、基本转换电路、辅助电源组成。传感器的压力薄膜与其他元件之间做防水处理，压力薄膜一般会直接与水接触。

实施应用

例　利用水深度传感器与显示器，通过编程、测试的方式，将主控器下潜的深度数值在显示器上显示出来。

第1步：安装显示器。

由于深度传感器内置在主控器中，而主控器无法直接显示深度传感器测量的数值，因此需要在主控器上安装显示器。

安装方式如图3-1所示。

图 3-1

第2步：编写程序，使深度传感器检测的数值显示在显示器上。

参考程序如图3-2所示。

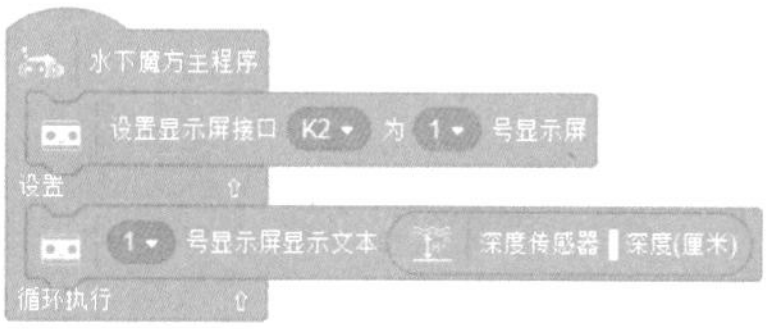

图 3-2

第3步：将装置放入水下。

如图3-3所示，请你比对着刻度尺记录显示器上的数值与刻度尺的刻度填写表3-1。

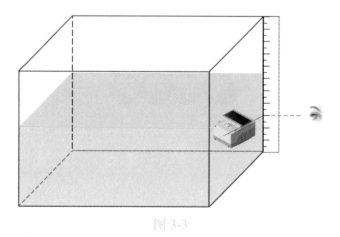

图 3-3

表 3-1

序号	显示器数值	对应刻度尺数值
1		
2		
3		
4		
5		
6		
7		
8		
9		
10		

第 4 步：从表格中找到两组数据之间的规律。

你发现的规律为：_____

第 5 步：修改程序，使装置能够更准确显示真实的深度值。

参考程序如图 3-4 所示。

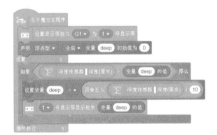

图 3-4

总 结 交 流

总结

请你说一说深度传感器的工作原理。

分享

请你说一说你是如何找到未调整前传感器的数值与真实深度数值之间的规律的，并把你的思考过程与同学交流分享。

 评价

项目	评价（满分5颗☆）
我知道水深与水压的关系	
我知道物体在水中各个面受到水压的特点	
我能说出水深度传感器的工作原理	

第4课 智能潜水器的设计与制作

学习目标

1. 了解物体在水中的状态。

2. 知道通过螺旋桨控制、维持潜水器悬停的方法原理。

设计制作

 情景需求

　　在水下工作时，无论是人还是机器都会遇到一个问题，就是维持在同一水深进行工作。那么你能说说若想让人或机器维持在同一水深进行工作，可以采取哪些方法？

　　人若维持在同一水深可以采用_____。

　　机器若想维持在同一水深可以采用_____。

思考分析

　　调节人或机器维持在同一水深，其本质就是调节人或机器在水下的浮力大小，以使得它们处于悬停的状态。

　　水下智能设备可通过螺旋桨与自身浮力相结合的方式来实现水中悬停。通过深度传感器判断水深来控制螺旋桨的出力。

实施规划

　　请你设计一个潜水器，可以通过螺旋桨来控制自身在水下的深度。在下框中请你将这个潜水器的设计草图绘制出来，并根据设计草图制作这个潜水器。

　　请你参考搭建图，并完善你的作品，见表 4-1。

表 4-1

搭建说明	搭建样图
第 1 步：制作两侧框架。	
第 2 步：安装行进螺旋桨与侧边框架。	
第 3 步：安装潜浮螺旋桨与侧边框架。	

编程合作

功能分析

通过深度传感器检测水深的数值，并且根据实际所需的下潜深度设置判断阈值，使潜水器下潜并维持在一定的深度。

程序设计

智能潜水器的程序设计，如图 4-1 所示。

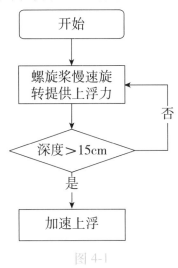

图 4-1

参考程序

如图 4-2 所示。

图 4-2

总结交流

请你说一说有哪些方法可以让人或机器在水下悬停？

在使用螺旋桨控制潜水器维持同一水深时，你进行了哪些调整？请你把各种调整的方法进行整理并与同学分享。

 评价

项目	评价（满分 5 颗☆）
我知道物体在水中的状态	
我知道通过螺旋桨控制机器潜浮的方法	
我能制作出具有悬浮能力的简易机器人	

第 5 课 无人潜行器的发展

学习目标

1. 了解无人潜行器在商业上的应用。
2. 了解无人潜行器的发展历程。

想一想

请你查阅关于无人潜行器的资料，想一想，在未来，哪些商业领域将广泛使用无人潜行器。

我认为无人潜行器未来的商业应用领域为：＿＿＿＿＿＿＿＿＿＿＿。

问 题 分 析

目前无人潜行器潜力巨大，商业项目包括以下这些：

（1）海底安装：海底管道及各类电缆的开沟埋设，水下输油管道的连接、检测，海底安装物的维护和修理。

（2）水下钻探和建造支持：视频观察，检测安装，操作支持与维修。

（3）管线检测：跟踪水下管线以检测漏点，确定管线的安全状态和保证安装合格等。

（4）扫查：在管线、电缆和其他离岸设备安装之前，对环境进行必要的视频和声学扫查。

（5）平台观测：检测工作平台的腐蚀、堵塞，定位破损，查找裂缝，估计海洋生物污染。

（6）码头基础设施检修：码头及码头桩基、桥梁、大坝水下部分检修、冲撞破损评估，航道排障，港口作业。

（7）通信支持：对海底通信电缆的埋设、监测和修理回收等。

（8）水下物体的定位和回收：搜寻、定位和回收打捞失事航天飞行器、舰船的残骸及其他丢失物体。

（9）废物清除，平台清刷：清理水库坝面、拦污栅等。

新 知 学 习

无人潜行器种类众多，除了我们比较熟悉的有缆遥控的 ROV 与自主运行的 AUV 外，还有高机动性仿生水下航行器、自主水下滑翔机、协同式航行器等。各种类的无人潜行器都有对应的使用需求与发展历程。

1. 高机动性仿生水下航行器

通过研究鱼类游动，科学家发现，鱼类游泳摆动尾鳍产生漩涡尾流，漩涡尾流可产生推进水流，增加摆动以产生漩涡尾流的过程中，能量并没有浪费，推进水流的横截面更大，可获得较好的效率。

大多数机器鱼旨在模仿使用身体／尾鳍游动，简称 BCF。BCF 机器鱼可分为三类：单关节，简称 SJ，如图 5-1 所示；多关节，简称 MJ；基于智能材料的设计。

图 5-1

德国费斯托公司在水下仿生机器人领域的研究成果非常引人瞩目。模拟涡虫、墨鱼和非洲刀鱼游动的仿生海扁虫 BionicFinWave（图 5-2），可以轻松在水下管道中游动。模拟水母游动，并通过集成的通信和传感器技术使众多水母集群协同工作的仿生水母 AquaJelly，如图 5-3 所示。

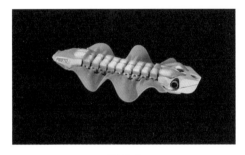

图 5-2

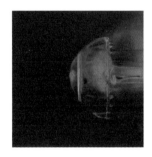

图 5-3

基于智能材料气动肌腱，模拟蝠鲼水翼游动的水下鳐鱼 Aqua_ray，如图 5-4 所示。

图 5-4

2. 自主水下滑翔机

水下滑翔机是一种浮力推进带翼航行器，与在空中飞行的滑翔机类似。2017 年，我国"海翼"号深海滑翔机（图 5-5）在马里亚纳海沟最深下潜6329 米，这一数据刷新了水下滑翔机最大下潜深度的世界纪录，为我国深渊科考提供了更为先进的科考手段和依据。水下滑翔机是一种可以借助自身净浮力驱动的自治式水下无人潜水器，它以浮力作为推进动力，从而来实现上升和下沉，并借助固定翼的动力进行所谓的水下"滑翔"运动。

图 5-5

3. 协同式航行器

自主海洋采样网络的概念于 1993 年提出，用于动态测量采样现场的海洋环境和时空梯度分辨率。当时大部分海洋数据由卫星、拖曳水下剖面仪的船舶以及系泊装置和漂流设备阵列采集。

在海洋科研探测领域，使用一台无人潜航器进行探测，它能够收集到的信息区域范围有限，若要收集完整的海域的信息，就需要这台潜航器多次下潜，大范围地游动进行采样，而海洋空间是一个立体空间，包括海底、海水中、海面等，这对一台潜航器来说，无疑是巨大的工程。

采用多台潜航器进行协同工作就可以拓展它们传感器采集的区域，并且多台机器协作时，任意一台机器的能量耗尽，都可以让其他机器快速替代，这样能够大大提升采集效率。

协同式水下潜行器，从 1993 年概念提出，根据 1997 年发表的文献，协同机器人的应用非常少。2003 年 AOSN Ⅱ 项目采用水下滑翔机机器人进行协同航行试验并取得不错的进展，当时采用 10 多台配备了传感器的自主水下滑翔机进行协同航行。2010 年时，Alvarez 等人通过对协同航行的优化与改进，使用 4 台水下滑翔机就可以高效地进行水下信息的采集了。在未来，如图 5-6 所示，协同式航行器将是重点的发展领域。

图 5-6

实 施 应 用

中国在无人潜航器的领域起步较晚，但近年来发展速度快，成果丰硕。

由北京大学工学院研发的中华锦鲤机器鱼（图 5-7），外形根据真实的中华锦鲤以 1∶1 的比例进行仿生设计与制作，采用三个关节协同游动，使用伪距测量等算法，让游动的姿态与真鱼无异，让人难以区分。

图 5-7

这种仿生的中华锦鲤机器鱼可在水下连续工作 6~8 小时，游动的动力由三关节协同完成，推进效率高达 80%。由于外观与游动方式都与真鱼无差异，因此具有生物欺骗性，在水下工作时对水下生物的影响小，对水下环境的扰动小，适合承担水文监测、海床测绘等任务。

请你说一说无人潜行器的主要用途与发展方向。

请你查阅资料，制作无人潜行器发展历程的手抄报，并与同学交流分享。

 自我评价

项目	评价（满分 5 颗☆）
我知道无人潜行器在商业上的应用	
我知道无人潜行器的发展历程	
我知道无人潜行器未来的发展方向	

无线遥控

学习目标

1. 了解远程操作的方式。
2. 了解水下无线通信的几种常见方式。

想一想

1. 如何在远距离对机器实现遥控操作？
远距离对机器操控可以采用：＿＿＿＿＿＿＿＿＿＿＿＿＿＿＿＿＿＿
2. 水下能否进行长远距离的遥控操作？
我认为：＿＿＿＿＿＿＿＿＿＿＿＿＿＿＿＿＿＿＿＿＿＿＿＿

问题分析

想要实现对机器的远程操纵，可以采用无线电遥控、有线传输遥控等方式。

无线电遥控是利用无线电信号对被控制的设备实施远程控制的技术，它通过无线电波来传递指令信息，这种无线电波使用时都有特定的频率与通信协议。

有线遥控是用线缆把控制器与控制设备连接进行控制的方式。这种控制方式往往对线缆的长度、材质有不同的要求。

1. 无线遥控系统

无线遥控系统一般由发射器和接收器两部分组成。发射器上有指令按钮，并配有对信号指令编码的电路系统，这种系统可以把电信号按照一定的规律，转变成无线电波的变化，并将这样的无线电波发射出去。接收器上有接收电路，并配有解码的电路装置，可以将接收到的无线电波信号按照规律还原成电信号指令。

传输用的无线电波可以根据电波的频率进行划分。频率越高的电波，传输速度就越快，可传递的信息量也越大，但是传输的距离会变短。反之，频率越低的电波，传输速度就越慢，可传递的信息量也越小，但是可以传输很远的距离。

为了避免无线电波在传输过程中相互干扰，在发射无线电波时会按照一定的协议来进行工作。

2. 水下无线通信的局限性以及原因

无线电波是一种机械波，在空气中与水中传播的能力是不一样的。无线电波在水中传播时，速度会变慢，能量衰减会更快，所以通信距离会变得非常的短。若想让无线电波传输的距离变远，就需要让它的频率变小。而在水中满足这种苛刻条件的无线电波很难找到。目前水下通信方式主要为水声通信，即使用特定频率的声波。采用蓝绿激光的方式进行水下通信的技术也在积极的实验。

实施应用

1. 水声通信

水声通信是众多水下通信技术中最成熟的技术。声波是水中信息的主要载体，已广泛应用于水下通信、传感、探测、导航、定位等领域。声波属于机械波，在水下传输的信号衰减小，传输距离远，使用范围可从几百米延伸至几十千米，适用于温度稳定的深水通信。

即便是如此成熟且广泛应用的通信技术，在水下通信时也有诸多问题。常见的问题有：

（1）多路径效应严重。当传输距离大于水深时，传播的声波由于能量的差异和间隔发射时产生的延迟，后发出的声波与之前发出的声波之间会叠加并相互干扰，这就大大限制了传输数据的速度并增加了错误编码信息的产生。

（2）环境噪声影响大。海洋中并不寂静，海浪、风暴、海中动物、气泡等都会产生声音，这些声音都会干扰水声通信。

若用水声通信作为遥控的方式，显然是不可行的。

2. 射频通信

射频是对频率高于 10kHz，能够辐射到空中的交流变化的高频电磁波的简称。射频系统的通信质量有很大程度上取决于调制方式的选取。如今采用数字调制解调的方式，具有更强的抗噪声性能、更高的信道损耗容忍度、更直接的处理形式（数字图像等）、更高的安全性，可以支持信源编码与数据压缩、加密等技术，并使用差错控制编码纠正传输误差。使用数字技术可将 -120dBm 以下的弱信号从严重噪声中调制解调出来，在衰减允许的情况下，能够采用更高的工作频率，因此射频技术应用于浅水近距离通信。这对于满足快速增长的近距离高速信息交换需求，具有重大的意义。

目前射频通信能够满足较浅水深的无线遥控需求。

总结交流

请你总结无线通信的方式。

请你分享你对未来水下无线通信方式的看法。

 评价

项目	评价（满分 5 颗☆）
我知道无线遥控的方式	
我了解水下无线通信面临的问题	
我知道水下无线通信的方式	

1. 了解齿轮的特点。
2. 知道齿轮加速、减速传动效果产生的原因。

在机器设备中，作为动力的提供装置，应用最为广泛的是电机。一台电机可以带动非常多的机械，把自身的动力传递到这些机械上。你知道如何把电机的动力传递到众多机械上吗？

给电机提供能量后，电机会旋转。旋转的动力只会停留在电机的转子上。若要将电机的动力传递到更多的机械上，就需要使用一些机械装置来传递电机旋转产生的动力并加以利用。

常见的机械装置中，齿轮（图 7-1）、滑轮（图 7-2）、万向轮（图 7-3）都可实现能量传递的功能。

图 7-1 图 7-2 图 7-3

新知学习

1. 齿轮的定义

齿轮是指轮缘上有齿的轮子，如图 7-4 所示。多个齿轮可以通过轮缘上的齿连续啮合，进行动力的传动。

图 7-4

2. 齿轮啮合、传递的特性

两个齿轮啮合以后，通过轮缘上的齿，可以传递动力，如图 7-5 所示。因此，只需要转动其中一个齿轮，与它啮合的齿轮也会转动。这时候，我们提供动力让其转动的齿轮叫做主动齿轮，而通过啮合传动得到动力的齿轮叫做从动轮。

图 7-5

3. 齿轮的分类

齿轮的造型非常多，但按照齿轮啮合时，相邻啮合齿轮轴的位置关系来进行分类的话，齿轮可以分为三类。

第一类是直齿轮。相邻啮合齿轮的轴都是平行的，如图 7-6 所示。

图 7-6

第二类是锥形齿轮。相邻啮合齿轮的轴会相交于一点，且大多数情况下，两个相交轴是垂直的，如图 7-7 所示。

图 7-7

第三类是蜗轮蜗杆的组合。其中蜗杆是带有螺旋齿的柱子，与它相啮合的齿轮叫做蜗轮。它们的轴是交错的，如图 7-8 所示。

图 7-8

1. 齿轮啮合旋转

如图 7-9 所示，两个平行轴齿轮啮合后，主动给齿轮施加动力的，称为主动齿轮，而通过齿轮齿与齿之间的啮合，跟随主动齿轮旋转的，称为从动齿轮。

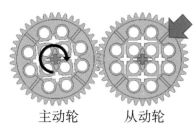

主动轮　　　从动轮

图 7-9

请你顺时针旋转主动齿轮并观察，此时从动齿轮的旋转方向为：____。

请你逆时针旋转主动齿轮并观察，此时从动齿轮的旋转方向为：____。

由此可以得出，两平行轴齿轮啮合时，主动轮与从动轮旋转方向的规律是：

_____。

此规律是否可以推广到相交轴齿轮与交错轴齿轮的传动中？为什么？

答：_____。

请你根据齿轮旋转的特点，分析图 7-10 和图 7-11 中各主动轮和从动轮的旋转方向。

图 7-10　　　　　　　　　　　　　　　图 7-11

2. 齿轮加速、减速效果

已知，大齿轮共 40 个齿，小齿轮共 8 个齿。请你使用大齿轮与小齿轮，按照表 7-1 中的要求实验，并完成表 7-1。

表 7-1

大齿轮与小齿轮情况	实验情况
	相同齿数的齿轮啮合时，主动齿轮转一个齿，则从动齿轮转____个齿。
	不同大小齿轮啮合时，小齿轮为主动齿轮，主动齿轮转一个齿，则从动齿轮转____个齿。若主动齿轮转一圈，从动齿轮转____。
	不同大小齿轮啮合时，大齿轮为主动齿轮，主动齿轮转一个齿，则从动齿轮转____个齿，即转____圈。

根据上述现象你可以得出齿轮啮合传动的什么规律？

3. 齿轮装置在生活中的应用

生活中我们使用的许多装置都有齿轮。比如汽车里就有非常复杂的齿轮组装置，如图 7-12 所示；机械表里也有非常复杂的齿轮组装置，如图 7-13 所示。

图 7-12

图 7-13

在工业生产中，齿轮的应用更加广泛。生产线上的传送带、机械臂、电机中，都应用了齿轮。

总 结 交 流

 总结

请你总结齿轮在使用时的各种特点。

 分享

请你分享你在生活中见到的使用齿轮的装置。

 评价

项目	评价（满分 5 颗 ☆ ）
我知道齿轮的特点	
我知道齿轮的分类方式	
我知道齿轮啮合后产生加速、减速效果的原因	

第8课

1. 了解机械臂的结构组成。

2. 知道使用齿轮的特性制作机械臂的方法。

1. 人的手臂有多少个关节？

2. 如何用机器模拟手的抓取动作？

1. 人手臂的特点

人的手臂包括肩膀、上臂、前臂、手腕、手掌、手指。

人手臂的关节可以在一定方向上运动。如肩膀的旋转、平转，手肘的张合、旋转；手腕的张合、旋转；手指的张合。

2. 人手抓取物体的特点

人手抓取物体的动作主要是通过手指的张合实现的，如图 8-1 所示。由于大拇指的指根与其他四指不在同一位置上，且大拇指的根部可以向手掌内测弯折，这也就有利于手指抓握物体。

图 8-1

新知学习

1. 利用平行轴齿轮制作机械手

平行轴齿轮的轴心在同一水平下上，两轴处于平行位置。

齿轮啮合后，两齿轮齿盘上的孔位不可能在方向上完全一致，这就导致利用齿盘上的孔连接的结构都会有一定程度的偏差，如 8-2 所示。

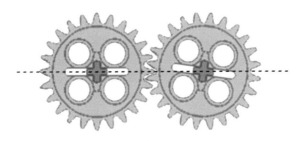

图 8-2

利用这种方式制作机械夹手最为简单,如图 8-3 所示。只需给主动轮提供动力即可,提供动力的装置最好为舵机,舵机可以维持固定幅度的转动。若使用电机控制齿轮,可能会导致转动速度过快,转动幅度不可控,无法维持固定角度等。

图 8-3

2. 利用交错轴齿轮制作机械夹手

交错轴齿轮传动最具代表性的就是蜗轮蜗杆,如图 8-4 所示。

图 8-4

在蜗轮蜗杆中,通常情况下只能通过螺旋状的蜗杆带动蜗轮,蜗轮无法带动蜗杆转动。这一特点有助于蜗轮维持在任意位置。

蜗轮蜗杆是一个减速效果非常显著的装置,蜗杆转动一整圈只能带动蜗轮转动一个齿,如图 8-5 所示。且蜗轮蜗杆是一个省力装置,能以非常小的力量驱动非常重的负载。

图 8-5

通过蜗轮蜗杆也可制作机械夹手，将蜗杆安装在两个蜗轮之间，这样既保证了蜗杆驱动蜗轮，又使两蜗轮的旋转方向刚好相反，如图 8-6 所示。

图 8-6

实施应用

制作一个简易的机械手

请你自己设计一个机械夹手，并在下框中绘制出设计草图。

请你根据参考，完善机械夹手，见表8-1。

表 8-1

搭建说明	搭建样图
第1步：制作交错齿轮结构。	
第2步：将交错齿轮结构与电机连接。	
第3步：制作夹子。	

编 程 合 作

功能分析

机械手在工作时，根据它的机械结构特点，只需要控制电机的转动方向就可实现机械手的张开与闭合。由于控制机械手的齿轮、机械手结构杆长度的不同，张开、闭合幅度需要在程序上进行不断的调节。

程序设计

机械手的控制流程如 8-7 所示。

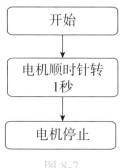

图 8-7

请你参考程序流程图与参考程序，测试自己机械臂的运行效果，并进行调试，使其能够抓取、松开物体。

参考程序

如图 8-8 所示。

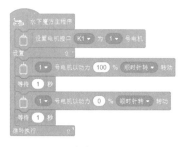

图 8-8

根据参考程序，你的机械手完成的动作是：_____（抓取 / 张开）。

总结

请你总结设计、制作机械夹手的过程。

分享

请你分享在制作、调试机械夹手时，你遇到了哪些困难，你是如何解决的？

 评价

项目	评价（满分5颗☆）
我知道人手臂运动的特点	
我知道机械臂的结构组成	
我能够使用齿轮装置制作模拟手抓取的机械手	

无人潜行器水下工作

学习目标

1. 了解无人潜行器水下作业时的必要装置。
2. 知道遥控器编程控制的方法。

设计制作

 情景需求

科研用无人潜行器采集水下动植物、岩体的标本。无人潜行器需要具备哪些功能才能更好完成科研采集的工作？

科研用的无人潜行器在采集工作中需要灵敏的机械臂、高分辨率的摄像头、高亮度的 LED 灯、高速通信的电缆，还有盛放样品的采样盒。

在操作无人潜行器时，需要用到遥控器。通过对遥控器按钮进行编程，以便在控制无人潜行器工作时更加方便。

无人潜行器工作时可以看作是半自动的状态：一方面在下潜后，维持水深时，它需要程序自动根据水的流速、在水中的浮力等因素调节自己的悬浮状态；另一方面，它需要人来遥控进行采集、勘探工作。

 实施规划

使用零件制作模拟无人潜行器在水下采集、勘探作业。

我们需要制作带有机械臂的无人潜行器，为了能够对它进行遥控操作，我们需要使用无线遥控器对整个设备的螺旋桨、机械臂进行控制。

请你设计并制作带有机械臂的水下潜行器，并在下框中绘制出设计草图。

请你根据参考制作如图 9-1 所示水下潜行器。

图 9-1

功能分析

需要使用遥控器对制作的无人潜行器运动与机械臂进行控制。需要先对遥控器上的每个按钮设计控制指令。

请你对照图 9-2 和图 9-3，思考按钮对应的控制功能，并写在相应的位置上。

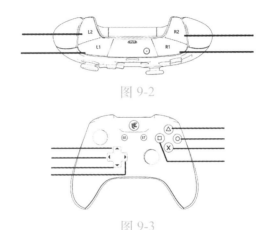

图 9-2

图 9-3

程序设计

由于遥控器中，每个按钮对应着两种状态，即按压状态与松开状态。通过判断这个按钮处于哪种状态，可以作为控制电机转动与停止的条件。

例如，图 9-3 所示的左侧的上钮。当按压上钮，两侧螺旋桨转动；松开上钮，两侧螺旋桨停止转动。

可参照表 9-1 来进行按钮指令的控制分配。

表 9-1

按键	功能
上	前进
下	后退

（续）

按键	功能
左	左转
右	右转
R1	打开机械手
R2	闭合机械手
方块	快速下潜
圆圈	快速上浮
叉子	全部电机、螺旋桨停止

通过重复组合这样的控制指令，我们就能对整个无人潜行器的所有螺旋桨进行控制，如图9-4所示。

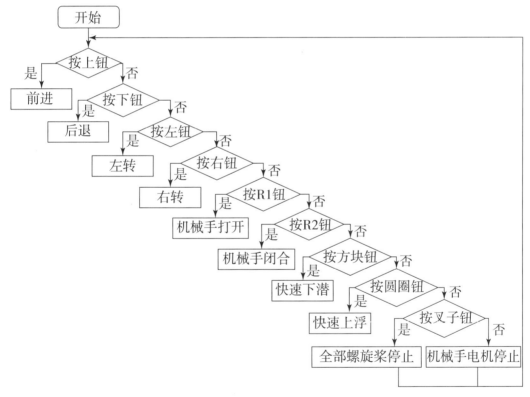

图 9-4

如图 9-5 所示。编程使用遥控器时，需要对遥控器 ID 进行初始化设置。程序上设置的遥控器 ID 值，只能通过对应 ID 的遥控器进行控制。并且 ID 编号必须为三个数位，例如，遥控器上的贴纸 ID 为 43，那么在程序中，遥控器的 ID 初始设置就必须为 043。

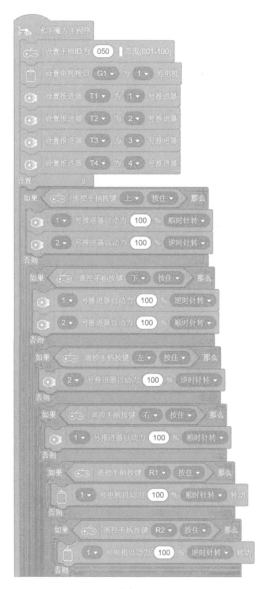

图 9-5

图 9-5 （续）

 总结

请你总结设计遥控器指令时应该考虑哪些情况。

 分享

请你说一说你在调试遥控控制时遇到了哪些困难，你是如何解决的？

评价

项目	评价（满分 5 颗☆）
我能制作带有机械臂的无人潜行器	
我能对无人潜行器的运动设置遥控指令	
我能用遥控器遥控无人潜行器工作	

第 10 课  机 构

 学习目标

1. 了解机构的概念。
2. 了解机构的自由度、运动副的含义。

 想一想

螺丝、齿轮、连杆这些零件很少单独使用，它们常常组合成一些装置使用，这些装置在运行时有哪些特点？它们又应该怎样称呼呢？

 问题分析

1. 自由度

一个零件在没有和任何零件连接时，一共有 6 种可以自由运动的状态，即三个转动和三个移动的自由运动状态，图 10-1 所示为水平旋转，

图 10-2 所示为竖直旋转，图 10-3 所示为竖直翻转，图 10-4 所示为前后平移，图 10-5 所示为上下平移，图 10-6 所示为左右平移。这种自由运动的状态，称为零件的自由度。

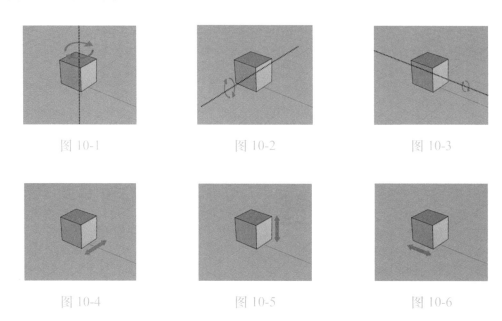

图 10-1　　　　　　　图 10-2　　　　　　　图 10-3

图 10-4　　　　　　　图 10-5　　　　　　　图 10-6

当一个零件与其他零件连接时，就会引入一个约束，这个零件的自由度就会减少。

2. 运动副

运动副指的是两零件直接接触而组成的一种可动连接。根据运动副中各零件的接触情况进行分类，可以把运动副分为高副和低副。

若两个零件之间的运动是通过点、线连接的，就称为高副。

若两个零件之间的运动是通过面连接的，就称为低副。

新知学习

机构是具有相对机械运动的构建组合体。从组成角度来看，机构是具有固定构件的运动链；从运动观点来看，机构是由机架、原动件和从动件组成的；从功能角度来看，机构是用来传递和变换运动的一种可动装置。在研究机构时，一般从运动观点来分析机构的特点。

机构由构件和运动副组成。构件是机器中独立运动的单元体。零件是独立制造的单元体。例如齿轮和轴这两个零件，当它们组合在一起使用时，由于齿轮和轴没有相对运动，所以它俩组成一个构件。运动副指的是两构件直接接触而组成的一种可动连接。

组成机构的运动副的类型决定机构的运动形式。运动副有多种类型，对运动副进行正确分类，在机构设计和综合应用中是非常重要的。

运动副按照所引入约束的分类分为 Ⅰ ~ Ⅴ 5 个等级，如图 10-7 所示。

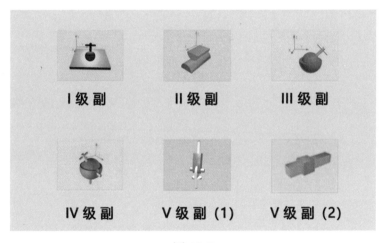

图 10-7

请你说一说机构有哪些特点。

分享

　　通过查阅资料，请你制作一份关于运动机构的手抄报，并与你的同学分享。

 评价

项目	评价（满分 5 颗☆）
我了解机构的概念	
我能举例说出简单的机构	
我知道机构自由度、高低副的含义	

学习目标

1. 了解四杆机构的组成。
2. 了解四杆机构的分类。

想一想

使用四根相互连接的杆件，拉扯它们，会产生怎样的运动效果？

问题分析

四连杆机构也称为铰链四杆机构，如图 11-1 所示，由四根杆通过铰链连接而成，四根杆件的名称如下：

机架——固定不动的杆 1；

连架杆——与机架直接相连的杆 2 和杆 3；

连杆——不与机架杆直接相连的杆 4。

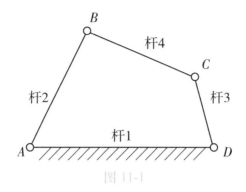

图 11-1

新知学习

对于铰链四杆机构，机架和连杆总是存在的，而连架杆可能是曲柄，也可能是摇杆，因此铰链四杆机构可以分为曲柄摇杆机构、双曲柄机构和双摇杆机构 3 种基本形式。

1. 曲柄摇杆机构

如图 11-2 所示，铰链四杆机构的两个连架杆中，如果一个作整周旋转则为曲柄，另一个摆动则为摇杆。

图 11-2

2. 双曲柄机构

铰链四杆机构的两个连架杆都是曲柄时，称为双曲柄机构，如图 11-3 所示。

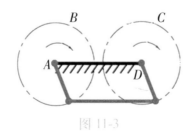

图 11-3

3. 双摇杆机构

铰链四杆机构的两个连架杆都是摇杆时，称为双摇杆机构，如图 11-4 所示。许多自动卸货的翻斗机构采用的就是双摇杆机构，如图 11-5 所示。

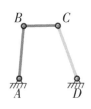

图 11-4   图 11-5

实 施 应 用

四连杆机构在生活中的应用：火车（图 11-6）、雷达的调整（图 11-7）、翻斗车的调整（图 11-8）、雨刷器（图 11-9）等。

图 11-6

图 11-7

图 11-8

图 11-9

请你总结四连杆机构的特点。

请你将不同形式的四连杆机构进行分类整理，并通过手抄报的形式与同学分享。

项目	评价（满分 5 颗☆）
我知道什么是四连杆机构	
我知道四连杆机构的组成	
我知道四连杆机构的运动特点	

第 12 课

学习目标

1. 了解海龟游动的特点。
2. 掌握使用曲柄摇杆与棘锁装置制作海龟的方法。

想一想

海龟是如何在海中游动的?

如何模拟海龟游动?

1. 海龟的身体结构

观察海龟的外观，我们可以把海龟的外观结构大致分为四个部分：头、前肢、龟壳、后肢，如图 12-1 所示。

头

前肢

龟壳

后肢

图 12-1

2. 海龟的游动方式

海龟在海中的游动方式属于水翼式。海龟的前肢像翅膀一样，拨动水，通过水流的反向推力向前游动。海龟的后肢就像船舵一样，可以帮助海龟在游动滑行时快速转向。海龟的后肢也可以通过拨动水，使海龟的身体在水中倾斜，或调整身体保持水中的姿态平衡。

3. 模拟海龟运动的机构

海龟前肢伸展（图 12-2）与收缩（图 12-3）交替重复的过程，可以使用铰链四杆机构来进行模拟。

图 12-2

图 12-3

利用曲柄摇杆机构，制作海龟摆动的前肢，如图 12-4 所示。

图 12-4

游动时，为了简化海龟前肢的动作，可以使用一个电机来提供动力，如图 12-5 所示，让海龟前肢的两组曲柄摇杆机构同时运动。

图 12-5

棘锁结构

在海龟使用前肢游动时，前肢并不是仅仅通过来回摆动，就能使海龟向前游动。

海龟的前肢向前滑动时，会变得扁平，此时与水之间的作用力较小。而前肢先后滑动时，整个臂膀斜向下，此时与水之间的作用力最大，向后推动水流，产生的作用力推动海龟向前游动。

前后拨动产生对水流作用力不同，可以采用棘锁结构来模拟。

当海龟前肢向前拨动，水流推开棘锁结构，如图 12-6 所示。此时棘锁结构受到水的阻力最小，如图 12-7 所示。

图 12-6

图 12-7

当海龟前肢向后拨动，水流推动棘锁结构，如图 12-8 所示。当棘锁结构被卡住时，再向后拨水，受到的阻力最大，此时就能通过拨水有效地让海龟身体向前移动，如图 12-9 所示。

图 12-8

图 12-9

设计制作海龟，并在下框中绘制出机械海龟的设计草图。

请你根据参考，完善机械海龟，见表 12-1。

表 12-1

搭建说明	搭建样图
第 1 步：制作海龟前肢。 先制作海龟前肢的造型。	
再在左侧前肢内侧安装棘锁结构。	
同样的方式，在右侧前肢的内侧安装棘锁装置。	
最后在这对前肢的侧方，安装装饰用的面板。	
第 2 步：制作海龟后肢。	

（续）

搭建说明	搭建样图
第 3 步：安装海龟后肢与前肢支撑结构。	
第 4 步：安装海龟头部固定结构。	
第 5 步：安装海龟前肢的动力装置。	
第 6 步：制作海龟头部。 先制作海龟头顶部分的装饰。	

搭建说明	搭建样图
再制作海龟的面部装置。	
最后制作海龟的眼睛装饰。	
第 7 步：将海龟前肢与动力装置相连接。	

总 结 交 流

 总结

请你说一说设计制作机械海龟时，使用了哪些机械结构。

分享

请你将制作机械海龟时遇到的问题，与你解决这些问题的方法，分享给你的同学。

 评价

项目	评价（满分5颗☆）
我知道海龟游动时的特点	
我能用连杆装置制作机械海龟并模拟海龟的游动	
我知道棘锁装置的作用	

第 13 课

 学习目标

1. 了解青蛙游动的特点。
2. 掌握使用曲柄摇杆机构制作青蛙的方法。

想一想

青蛙是如何在水中运动的?

如何模拟青蛙的游动?

1. 青蛙的身体结构

青蛙身体可以分为头、躯干和四肢三部分，如图 13-1 所示。

图 13-1

2. 青蛙的游动方式

青蛙在水中主要通过后肢的滑动来游动。

青蛙游动时，腿部动作如图 13-2 所示。

图 13-2

青蛙的后腿不断重复图中 4 个动作，两条后腿同时用力时，青蛙会向前直线游动。若左腿滑水的力量比右腿大时，青蛙就会向右游动。反之则向左游动。

新知学习

青蛙后腿运动的一张一合形成了一种往复的运动模式。但不同的是，腿部一张一合的轨迹好似在画一个椭圆的形状。在已知的机构中，曲柄摇杆机构可以进行往复运动，但是要模拟这种轨迹，我们就需要重新学习曲柄摇杆机构各个杆的运动轨迹。

在图 13-3 和图 13-4 所示的曲柄摇杆机构中，曲柄、摇杆的轨迹是圆形，连杆的轨迹近似是一个椭圆形。

图 13-3

图 13-4

在设计青蛙腿部结构时，就是灵活运用连杆运动轨迹的特点。

青蛙大腿根部的运动，如图 13-5 所示，可以看作是曲柄摇杆机构的运动。青蛙的大腿运动与根部的曲柄摇杆机构进行联动，新的联动是一个曲柄双摇杆机构，如图 13-6 所示。

图 13-5

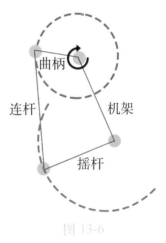

图 13-6

最后，青蛙的小腿部分与青蛙大腿部分的摇杆 2 与连杆 1 再组成一个曲柄摇杆机构，形成小腿部分的联动，如图 13-7 所示。

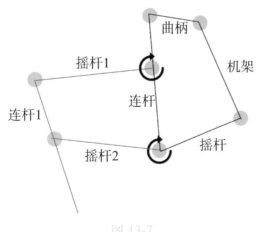

图 13-7

在青蛙小腿部分的联动中，摇杆 2 相当于是机架、连杆 1 作为摇杆，蓝色虚线①为连杆、②为摇杆，如图 13-8 所示。

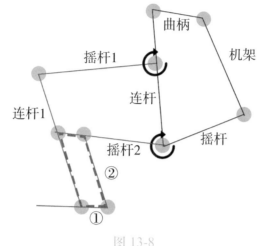

图 13-8

设计制作青蛙，并在下框中绘制出机械青蛙的草图。

请你根据参考，完善机械青蛙，见表 13-1。

表 13-1

搭建说明	搭建样图
第 1 步：制作青蛙的动力结构。	
第 2 步：制作青蛙头部造型外壳。 先制作青蛙脸部装饰。	
再制作青蛙头顶装饰。	
第 3 步：制作青蛙腿部运动机构的导轨，并安装头部。	

搭建说明	搭建样图
第4步：安装青蛙头部，并制作青蛙眼睛。	
第5步：制作曲柄滑块机构。	
第6步：制作青蛙联动的腿部机构。	
第7步：完善青蛙腿部造型。	

编程合作

 功能分析

由于青蛙腿部的结构属于曲柄摇杆机构,在控制青蛙运动时,只需要让电机持续转动即可。

程序设计

程序控制流程如图 13-9 所示。

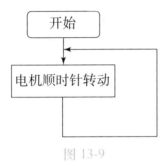

图 13-9

 参考程序

如图 13-10 所示。

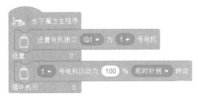

图 13-10

 总结

请你说一说设计制作机械青蛙时使用了哪些机构。

 分享

请你将制作机械青蛙时遇到的困难与解决困难的方法，和你的同学分享。

 评价

项目	评价（满分 5 颗☆）
我知道青蛙游动时的特点	
我能够使用多组连杆装置制作机械青蛙，并模拟青蛙的游动	
我知道在曲柄摇杆机构中，连杆的运动轨迹	

·第14课·

 学习目标

1. 了解螃蟹行走时的特点。
2. 掌握使用曲柄摇杆制作螃蟹的方法。

想一想

大多数的螃蟹在陆地上是如何行走的？

如何模拟螃蟹行走？

问题分析

1.螃蟹的身体结构

螃蟹有五对胸足，其中一对胸足退化成可以夹取物体的钳子，称为螯足。另外的四对胸足负责螃蟹的行走，称为步足，如图 14-1 所示。螃蟹的身体分为头胸部与腹部。但是由于螃蟹的腹部退化，扁平曲折在头胸部的腹面。所以我们可以把整个螃蟹的外观大致分为头胸部、步足、螯足，如图 14-2 所示。

第一对步足
第二对步足
第三对步足
第四对步足

图 14-1

螯足
步足
头胸部

图 14-2

以毛蟹、梭子蟹为例，它们行走都是横着走，通过步足之间的交替，螃蟹可以横着走动，还可以转动身体。

2.螃蟹的行走方式

如图 14-3 ～图 14-6 所示。

图 14-3

图 14-4

图 14-5

图 14-6

1. 螃蟹腿部运动规律的简化

螃蟹运动时，根据螃蟹腿部运动规律，可进行简化。

由于螃蟹在行走时，是八条腿相互配合的，因此在使用结构模拟八条腿的运动时，也要考虑联动结构的相互配合。

以螃蟹的一条腿为例，螃蟹的一条腿分为三节：如图14-7所示，与身体相连的腿根部；然后是腿中部；最后是腿尖与地面接触。

图 14-7

螃蟹行走时，腿根部围着螃蟹的身体来回摆动，腿中部与腿尖则随着大腿的摆动，抬起并靠近身体或放下并远离身体。

2. 凸轮、曲柄

使用曲柄摇杆结构模拟这一动作，就需要把腿根部作为摇杆，腿中部与腿尖作为连杆，在螃蟹腿的外部额外设置一个转动的杆，作为曲柄，并把整个装置与腿根部的点进行固定，构成机架部分，如图14-8所示。

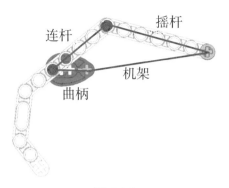

图 14-8

由于螃蟹有四对行走用的腿，就需要制作四组这样的曲柄摇杆结构，若每一个曲柄摇杆结构都需要一个动力，那么总共就需要八个电机来提供动力，这样非常浪费电机。

根据电机动力输出的特点，合理设置机械，可以通过一个电机来带动四个，甚至更多的曲柄摇杆机构。

考虑到螃蟹的腿在行走过程中，同一侧每相邻的两腿之间动作不同，则可以通过改变曲柄的连接位置进行调整，如图 14-9 和图 14-10 所示。

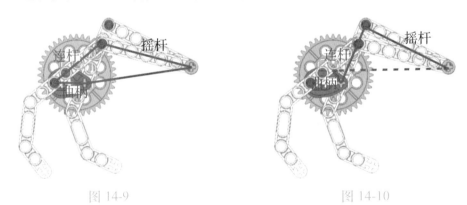

图 14-9   图 14-10

红色虚线为旋转中心，黄色直线分别表示两个曲柄的位置，如图 14-11 所示。

图 14-11

实 施 应 用

设计制作螃蟹，并在下框绘制出机械螃蟹的设计草图。

请你根据参考，完善机械螃蟹，见表 14-1。

表 14-1

搭建说明	搭建样图
第 1 步：制作螃蟹两侧腿的动力装置。	
第 2 步：将动力装置固定在主控器上。	

（续）

搭建说明	搭建样图
第 3 步：在主控器上，构建腿部运动连接的支架。	
第 4 步：制作螃蟹前两对步足。	

（续）

搭建说明	搭建样图
第 5 步：制作螃蟹后两对步足。	
第 6 步：制作螃蟹螯足。	
第 7 步：制作螃蟹眼睛。	

功能分析

控制螃蟹行走本质上是控制螃蟹身体两侧的电机转动。当两个电机转动方向相同时，就可以控制螃蟹向一个方向运动。

程序设计

程序流程如图 14-12 所示。

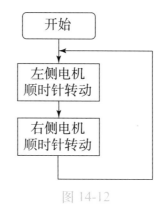

图 14-12

参考程序

如图 14-13 所示。

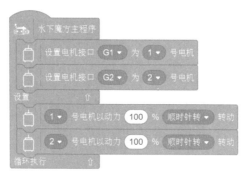

图 14-13

总结交流

请你说一说设计制作机械螃蟹用到了哪些机构。

请你将制作机械螃蟹时遇到的困难与解决困难的方法，和你的同学分享。

项目	评价（满分 5 颗☆）
我知道螃蟹行走时的特点	
我能够使用四连杆机构制作机械螃蟹模拟螃蟹行走	
我知道曲柄的作用	

第15课 现代海洋的开发与利用

学习目标

1. 了解开发海洋的意义。
2. 了解现代海洋开发的方式。

想一想

海洋是巨大的宝库，你知道现代开发和利用海洋的方式有哪些吗？

1. 你知道海洋中资源的种类吗?

比如：海洋矿产资源，_____。

2. 你知道海洋中有多少种生物吗?

1. 人类探索海洋情况

当今人类已探索的海底只有 5%，而我们所了解的也只有这 5% 的海底，因为没有被探索的原因，剩下 95% 的海底，谁也不知道到底还有着什么神秘的生物。

经过训练的专业人士借用潜水器具可以在水下 330 米以上的地方活动，没有器具也只能下潜到水下 40 米左右，超过界限就有生命危险。

海洋中大型鲸类可以在水下 3000 米处活动，更深处有很多人类不能找到的物种和超过常识的现象，从科学家提取的残骸判断，在我们还能找到的海域中存在未知的海底巨兽。

2. 海洋资源的种类

海洋生物资源，海洋空间资源，海洋矿产资源，海洋化学资源，海洋能量资源等。

3. 我国南海资源的储备与开发

我国海南蕴藏的石油和天然气资源相当于我国全部油气资源的 $\frac{1}{3}$，其中九段线内约为 200 万平方千米，传统疆界的油气资源储量约为 350 亿吨，约占我国全部油气资源储量的 $\frac{1}{4}$ ，所以南海是我国未来海洋油气资源开采的重中之重。

另据我国地质调查局勘查发现，我国天然气水合物（又称"可燃冰"）远景资源量预测超过 1000 亿吨油当量，预测西沙海槽、琼东南海域、神狐海域及东沙海域，天然气水合物远景资源量 744 亿吨油当量。截至 2017 年，我国地质调查局在南海北部圈定 11 个"可燃冰"矿体，储量惊人。

（数据来源于我国自然资源部的《我国地质勘查工作或将发生重大转变》）

实施应用

请你分析，钻井平台（图 15-1）、海洋渔业（图 15-2）和水下活动（图 15-3）中属于开发海洋的哪些资源？

图 15-1

图 15-2

图 15-3

总结交流

总结

请你说一说海洋的哪些资源可以开发利用。

分享

请以小组为单位讨论，若选择一种海洋资源进行开发利用，你们将选择哪种海洋资源，通过何种方式开发利用？把小组讨论的结果，与班级其他小组分享。

评价

项目	评价（满分5颗☆）
我知道海洋中蕴藏着各类资源	
我知道开发海洋的意义	
我知道现代开发海洋的方式	

海 洋 国 防

学习目标

1. 了解海洋全球化对海洋国防的影响。
2. 了解中国海洋主权。

想一想

1. 有哪些国家与我国隔海相望？

2. 我国与哪些国家在海洋国土上存在争议？

3. 为什么会产生海洋领土的争议？

问题分析

　　人类在探索海洋的过程中，发现了海洋中蕴藏着很多潜在资源价值。比如海岛的资源价值，海底的资源价值等。中国是历史悠久的大国，海洋文明源远流长，但是总的来说，海洋资源开发利用率还很低。合理开发和利用海洋资源，是国民经济能持续稳定协调发展的重要保障之一。为此，必须实施合理、科学的海洋开发战略。例如，为了应对能源危机，需要有序开发海洋油气资源。对于海洋油气资源的勘探开发，实行立足国内、发展海外、自营开采与对外合作并举，积极探索油气资源的勘探开发方式。合理有序开发海洋资源、科学管理海洋资源是一项涉及海洋经济可持续发展，涉及国家能源、外交、军事和国家安全的重大战略举措，应引起我们高度的重视。

新知学习

1. 我国的海洋面积

　　我国是一个陆海兼具的国家，是世界上海岸线最长的国家之一，海岸线总长度约 3.2 万千米，其中大陆海岸线约 1.8 万千米，岛屿岸线 1.4 万千米。我国海域，从渤海的辽东湾到南沙群岛的曾母暗沙，管辖海域约 300 万平方千米。自古以来海洋就与华夏民族的生存发展、统一强大、稳定繁荣休戚相关。

2. 新时期的海洋发展

　　21 世纪是发展海洋经济的时代，浩瀚的海洋是资源的宝库，也是人类实现可持续性发展的重要基地。当今世界人类正面临着日趋严峻的陆地资源危机威胁，世界各国都把经济进一步发展的希望寄托在占地球表面积 71% 的海洋上，越来越多的国家都把合理有序地开发利用海洋资源，以及保护海洋环境作为求生存、求发展的基本国策。海洋中蕴藏着丰富的各类矿产资源、能源和生物资源。20 世纪以来，各国科学家的积极努力使人类极大地增长了对海洋资源的认识，目前全球已兴起一个开发利用和保护海洋资源、攻克海洋开发高新技术的热潮，海洋经济已成为世界经济发展新的增长点，成为我们这个时代的特征。

3. 建设海洋强国

海洋强国指的是在开发海洋、利用海洋、保护海洋、管控海洋方面拥有强大综合实力的国家。从认知海洋、利用海洋、管控海洋到生态海洋、和谐海洋，中国经历了长时间的认识过程，党的"十八大"提出建设海洋强国，这是我们民族的又一次伟大觉醒。历史反复昭示我们，向海而兴，背海而衰，这是一条亘古不变的铁律。建设"海洋强国"之路是中国走向永续发展、成为世界强国的必由之路。

你认为做好哪些工作，有助于巩固我国的海洋国防？

你能说说我国海洋主权包括哪些方面吗？

分享

请你查阅资料，绘制我国的海域图，并与同学交流分享。

 评价

项目	评价（满分 5 颗☆）
我知道我国的海域范围	
我知道海洋全球化的含义	
我了解我国的海洋主权	

附录

附录一　教学"工具包"配件清单

 造型板件

5×11 科技面板 A 面　5×11 科技面板 B 面　3×11 科技面板 A 面　　3×11 科技面板 B 面

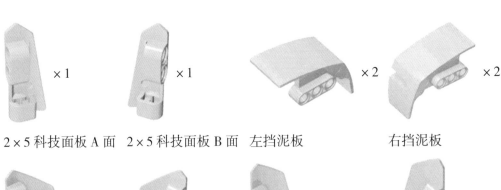

2×5 科技面板 A 面　2×5 科技面板 B 面　左挡泥板　　　　右挡泥板

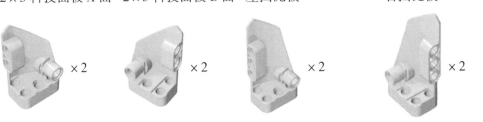

3×5 科技面板 A 面　3×5 科技面板 B 面　3×7 科技面板 A 面　　3×7 科技面板 B 面

5×7 科技面板 A 面　　5×7 科技面板 B 面　　黄色弧形科技面板　　橙黄色弧形科技面板

7×3 科技面板　　11×3 科技面板

科技杆件

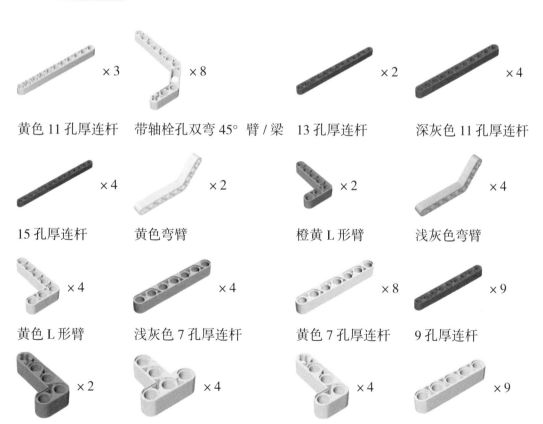

黄色 11 孔厚连杆　　带轴栓孔双弯 45° 臂 / 梁　　13 孔厚连杆　　深灰色 11 孔厚连杆

15 孔厚连杆　　黄色弯臂　　橙黄 L 形臂　　浅灰色弯臂

黄色 L 形臂　　浅灰色 7 孔厚连杆　　黄色 7 孔厚连杆　　9 孔厚连杆

橙黄色小 L 形臂　　T 形连杆　　黄色小 L 形臂　　5 孔厚连杆

×4

3 孔厚连杆

▶▶ 连接栓件

双栓连接件 ×3	栓连接件 ×2	单栓连接件 ×5	光滑活扣销 ×20
半十字轴半栓 ×30	长两栓摩擦销 ×25	3/4 栓 ×6	十字轴带短栓 ×2
十字轴带长栓 ×5	摩擦销 ×70	光滑长两头长栓销 ×25	带开口栓连接件 ×4

◔ 轴类

11 号轴 ×6	8 号带截止轴 ×4	10 号轴 ×6	5 号轴 ×6
7 号轴 ×6	2 号限位轴 ×2	4 号轴 ×8	3 号轴 ×8

×2

28 齿齿轮

 ×4

40 齿齿轮

 ×2

黄色 20 齿齿轮

 ×2

24 齿齿轮

 ×2

黑色 20 齿齿轮

 ×4

24mm 滑轮

 ×1

螺旋齿轮

 ×2

12 齿齿轮

 ×4

8 齿齿轮

 ×12

半轴套

 ×20

轴套

 薄臂

 ×2

薄连杆

 ×8

薄三角臂

异位连接件

 ×4

3x3 孔臂栓连接件

 ×2

1x3 十字轴与栓连接件

 ×4

正交双轴孔联轴器

 ×6

1x2 十字轴与栓连接件

 电子件

 ×1

水下魔方控制核心

 ×2

红外巡线传感器

 ×2

螺旋桨正桨

 ×2

螺旋桨反桨

 ×2

防水电机

 ×2

防水舵机

 ×1

防水点阵屏

 ×1

遥控手柄

 ×1

无线下载模块

附录二 编程软件使用说明

软件的下载与安装

首先，访问 Simba 图形化编程软件下载的官方网址：https://course.kenschool.com.cn/page/simba，下载 Simba 软件的安装包。

下载完成后，单击 Simba 软件的安装包，根据安装引导，选择安装路径安装软件。注意：在安装过程中，请完全关闭 360 管家、QQ 管家、金山杀毒等各类安全软件。若不关闭安全软件安装，会导致安装失败，或安装后无法正常使用。

软件界面与功能

安装成功后，计算机桌面上会出现 Simba 软件的图标。单击软件图标，进入程序的主页面，如图 1 所示。

图 1

为了在使用软件时方便操作与说明，一般把软件界面分为 10 个部分，图 2 所示为各部分名称。

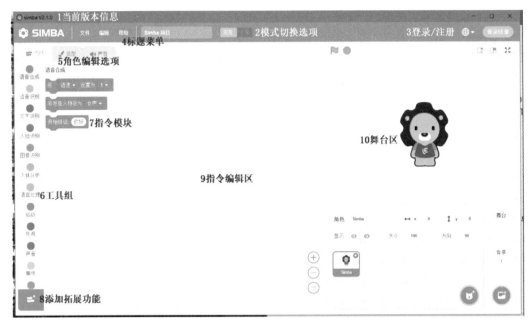

图 2

1. 当前版本信息：可以显示当前软件的版本编号，如需要升级或降级使用软件，可以通过此处来查看软件的版本信息。

2. 模式切换选项：在使用水下魔方等硬件时，需要把模式切换为上传模式，此时舞台区将会消失，被替换为代码页面。

3. 登录 / 注册：使用人工智能工具组时，必须"登录 / 注册"后，连接网络才能使用。其他功能无需"登录 / 注册"就可以使用。

4. 标题菜单：包括"文件""编辑""帮助"三个选项，对软件进行常规操作时使用，可以存储、打开程序。

5. 角色编辑选项：包括"代码""造型""声音"。可以对当前选中的角色编写控制指令，修改角色的造型，编辑角色的声音。

6. 工具组：选中角色后，可以在角色代码模式中，使用各编程工具组给角色编写程序。

7. 指令模块：不同工具组中对应不同的指令模块，将指令模块拖拽到指令编辑区进行组合，即可对角色进行编程。

8. 添加拓展功能：单击后，将进入拓展模块添加选择的界面，选择需要添加的拓展功能后，在代码选项中，就会多出相应的工具组，这时就可以使用相应的指令模块。

水下魔方的各类指令，必须通过添加拓展的方式添加后才能使用，如图3所示。

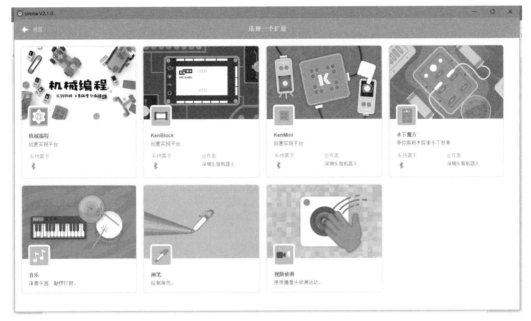

图 3

9. 指令编辑区：将工具组中的指令拖拽到指令编辑区并进行组合，即可完成程序指令的编写。

10. 舞台区：在舞台功能模式下，可以预览编程展示的环境或运行程序，观看运行效果。

水下魔方工具组介绍

水下魔方工具组包含 6 类功能指令模块，如图 4 所示，分别为：主程序、整体运动（螺旋桨推进器）、屏幕显示、环境感知、动作执行、遥控通信。

图 4

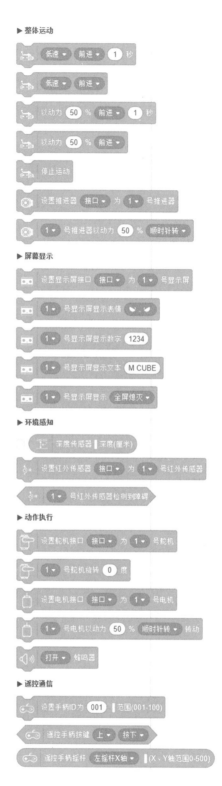

▶ 整体运动

低速 ▾ | 前进 ▾ | 1 秒

低速 ▾ | 前进 ▾

以动力 50 % 前进 ▾ 1 秒

以动力 50 % 前进 ▾

停止运动

设置推进器 接口 ▾ 为 1 ▾ 号推进器

1 ▾ 号推进器以动力 50 % 顺时针转 ▾

▶ 屏幕显示

设置显示屏接口 接口 ▾ 为 1 ▾ 号显示屏

1 ▾ 号显示屏显示表情

1 ▾ 号显示屏显示数字 1234

1 ▾ 号显示屏显示文本 M CUBE

1 ▾ 号显示屏显示 全屏熄灭 ▾

▶ 环境感知

深度传感器 深度(厘米)

设置红外传感器 接口 ▾ 为 1 ▾ 号红外传感器

1 ▾ 号红外传感器检测到障碍

▶ 动作执行

设置舵机接口 接口 ▾ 为 1 ▾ 号舵机

1 ▾ 号舵机旋转 0 度

设置电机接口 接口 ▾ 为 1 ▾ 号电机

1 ▾ 号电机以动力 50 % 顺时针转 ▾ 转动

打开 ▾ 蜂鸣器

▶ 遥控通信

设置手柄ID为 001 范围(001-100)

遥控手柄按键 上 ▾ 按下 ▾

遥控手柄摇杆 左摇杆X轴 ▾ (X、Y轴范围0-500)

图 4 (续)

其中，在编写任何指令时，都必须要有主程序，否则程序不会被编译，也无法上传运行，如图 5 所示，为水下魔方主程序模块。

图 5

程序上传到主控器

例　设置 2 个螺旋桨推进器，控制设备直行。

如图 6 所示的主控器。主控器上有 3 个按钮、8 个磁吸接口与 1 个磁吸传输口。8 个磁吸接口分别为 T1、T2、T3、T4、G1、G2、K1、K2。其中，T1~T4 只能连接螺旋桨；G1、G2、K1、K2 不能连接螺旋桨，但可以连接控制电机、显示屏、舵机以及各种传感器。

图 6

主控器上有 3 个按钮，分别为"复位"按钮、"开关"按钮、"调试"按钮，它们的位置关系如图 7 所示。

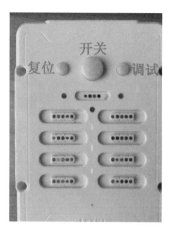

图 7

第 1 步：安装设备。

正确安装设备的螺旋桨推进器。左侧安装正桨并连接 T1 口，右侧安装反桨并连接 T2 口，安装结果如图 8 所示。

图 8

第 2 步：编写两侧螺旋桨的控制指令。

编写图 9 中的程序指令。

图示	编写步骤
水下魔方主程序 设置推进器 T1 为 1 号推进器 设置推进器 T2 为 2 号推进器 设置 1 号推进器以动力 50 % 顺时针转 2 号推进器以动力 50 % 逆时针转 循环执行 图 9	①分别初始设置两个推进器的接口。此指令只需运行一次，所以要拖拽到主程序的"设置"上方的空隙里。 ②根据实际安装情况正确设置螺旋桨推进器的旋转方向、动力的参数。 ③在主程序"设置"下方空隙中的程序将会"循环执行"。

第 3 步：上传控制指令。

编写完程序指令后，使用磁吸数据线，将主控器与计算机相连接，并在软件中单击舞台区上方的 ▲ 图标，等待上传成功，如图 10 所示。

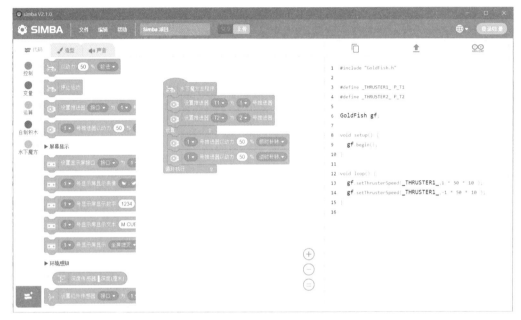

图 10

第 4 步：在设备上运行程序指令。

程序上传成功后，先按主控器上的"复位"按钮，再按主控器上的"调试"按钮，运行下载的程序，即可看到两侧螺旋桨转动。

上传失败的处理方法　　上传失败的核心原因是无线下载模块信号受到干扰，需要按照如下步骤进行检测：

将无线下载模块，如图 11 所示，从计算机 USB 口上拔下来后重新插入到 USB 口。

图 11

若工具组中，主程序指令模块上面的图标提示"设备已连接"，如图 12 所示，但是单击上传后，提示"上传失败"，单击"设备已连接"图标，出现图 13 的提示框。

图 12

图 13

单击"断开连接"，把下载线从计算机上拔下来，然后重新插上去。

此时主程序旁边的提示图标为"设备未连接"，如图 14 所示，说明程序并没有主动识别下载线与设备的连接状态，需要手动连接。

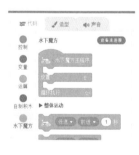

图 14

单击"设备未连接"图标，进入到设备搜索的提示框中，出现设备后，单击"连接"，如图 15 所示。

图 15

　　若此时未搜索出任何设备，请重复之前的操作。（注意：有时候需要把安全软件关闭。）

　　若重新搜索设备后，单击上传仍提示"上传失败"，请反复进行上述操作，直到上传成功为止。（注意：必要时，可以保存程序后，重启软件或重启计算机。）